# L'OBSERVATEUR AGRICOLE

## ANNUAIRE POUR 1867

CONTENANT

**La Marche planétaire, le Mouvement des Sèves
et les Temps d'arrêt**

PRINCIPALES CAUSES DES MALADIES DES VÉGÉTAUX

## PAR NIZOS

INDISPENSABLE

AUX AGRICULTEURS, AUX VIGNERONS, AUX APICULTEURS,
AUX JARDINIERS, AUX SÉRICICULTEURS, ETC.

*34ᵐᵉ année d'observations sur les phénomènes atmosphériques et les
effets produits dans la végétation.*

REIMS,

MATOT-BRAINE, IMPRIMEUR-LIBRAIRE-ÉDITEUR

6, RUE DU CADRAN-SAINT-PIERRE, 6.

1867

# CALENDRIER POUR L'ANNÉE 1867.

—

## *ARTICLES PRINCIPAUX DE L'ANNUAIRE.*

### Rapports Chronologiques

L'an de grâce 1867 correspond à l'année :

6580 de la période Julienne.

2643 des Olympiades, ou la 3me année de la 661e Olympiade; elle commence en juillet 1867, en fixant l'ère des Olympiades 775 ans 1½ avant J.-C., ou vers le 1er juillet de l'an 3938 de la période Julienne.

2620 de la fondation de Rome, selon Varron.

2614 depuis l'ère de Nabonassar, fixée au mercredi 26 février de l'an 3967 de la période Julienne, ou 747 ans avant J.-C. selon les chronologistes, et 746 ans suivant les astronomes.

1867 du calendrier Grégorien établi en 1582, depuis 284 ans; elle commence le 1er janvier. L'année 1867 du calendrier Julien commence 12 jours plus tard, le 13 janvier.

1283 des Turcs, qui commence le 16 mai 1866, et l'année 1284 commence le 5 mai 1867, selon l'usage de Constantinople, d'après l'*Art de vérifier les dates.*

### Fêtes mobiles

| | |
|---|---|
| Septuagésime. | 17 février. |
| Cendres | 6 mars. |
| Pâques. | 21 avril. |
| Rogations | 27, 28, 29 mai. |
| Ascension | 30 mai. |
| Pentecôte | 9 juin. |
| Trinité. | 16 juin. |
| Fête-Dieu. | 20 juin. |
| 1er Dimanche de l'Avent. | 1er décembre. |

<table>
<tr><td>Comput ecclés.</td><td>Quatre-Temps.</td></tr>
<tr><td>Nombre d'or....... 6</td><td>Mars..... 13, 15 et 16</td></tr>
<tr><td>Epacte...............XXV</td><td>Juin..... 12, 14 et 15</td></tr>
<tr><td>Cycle solaire........ 28</td><td>Septembre. 18, 20 et 21</td></tr>
<tr><td>Indiction romaine.. 10</td><td>Décembre. 18, 20 et 21</td></tr>
<tr><td>Lettre Dominicale.. F</td><td></td></tr>
</table>

## Commencement des Quatre Saisons.

PRINTEMPS. . . . le 21 mars, à 1 h. 55 m. du matin.

ETÉ. . . . . . . le 21 juin, à 10 h. 28 m. du soir.

AUTOMNE. . . . . le 23 septembre, à 0 h. 51 m. du soir.

HIVER. . . . . . le 22 décembre, à 6 h. 56 m. du mat.

### 1867 : 4 Eclipses.

—

### 2 de Soleil et 2 de Lune.

Les 5, 6 mars, éclipse annulaire de soleil, visible à Paris. Commencement de l'éclipse, 5 mars, à 7 h. 26 m. du matin ; milieu de l'éclipse, 10 h. 22 m. ; fin de l'éclipse, 12 h. 25 m.

Le 19 mars, éclipse partielle de lune, invisible à Paris.

Les 28 et 29 août ; éclipse totale de soleil, invisible à Paris.

Le 13 septembre, éclipse partielle de lune, visible à Paris. Commencement de l'éclipse, le 13, à 9 h. 52 m. du soir ; milieu de l'éclipse à minuit 35 m. ; fin à 3 h. 18 m. du matin.

### CANICULE.

Du 24 Juillet au 26 Août.

# Janvier. — (Le Verseau.)

| JOURS. | | | FÊTES. | SOLEIL. | | LUNE. | |
|---|---|---|---|---|---|---|---|
| | | | | Lever | Couc. | Lever | Couch. |
| | | | | h m | h m | h m | h m |
| 1 | 1 | M | Circoncision. | 7 56 | 4 12 | 3 26 | 1 29 |
| 2 | 2 | M | s Basile. | 7 56 | 4 13 | 4 25 | 2 5 |
| 3 | 3 | J | se Geneviève. | 7 56 | 4 14 | 5 21 | 2 42 |
| 4 | 4 | V | s Rigobert. | 7 56 | 4 15 | 6 13 | 5 26 |
| 5 | 5 | S | se Amélie. | 7 55 | 4 16 | 7 1 | 4 16 |
| 6 | 6 | D | Epiphanie. | 7 55 | 4 17 | 7 45 | 5 11 |
| 7 | 7 | L | se Mélanie. | 7 55 | 4 18 | 8 24 | 6 10 |
| 8 | 8 | M | s Lucien. | 7 55 | 4 19 | 8 59 | 7 12 |
| 9 | 9 | M | s Julien. | 7 54 | 4 21 | 9 50 | 8 16 |
| 10 | 10 | J | s Guillaume. | 7 54 | 4 22 | 9 59 | 9 22 |
| 11 | 11 | V | se Hortense. | 7 53 | 4 23 | 10 26 | 10 30 |
| 12 | 12 | S | se Césarine. | 7 55 | 4 25 | 10 54 | 11 59 |
| 13 | 15 | D | se Véronique. | 7 52 | 4 26 | 11 25 | |
| 14 | 14 | L | s Hilaire. | 7 52 | 4 27 | 11 54 | 0 50 |
| 15 | 15 | M | s Maur. | 7 51 | 4 29 | 0 50 | 2 2 |
| 16 | 16 | M | s Marcel. | 7 50 | 4 30 | 1 15 | 3 15 |
| 17 | 17 | J | s Antoine. | 7 49 | 4 32 | 2 4 | 4 26 |
| 18 | 18 | V | se Floride. | 7 49 | 4 35 | 5 3 | 5 52 |
| 19 | 19 | S | s Sulpice. | 7 48 | 4 35 | 4 9 | 6 51 |
| 20 | 20 | D | s Sébastien. | 7 47 | 4 56 | 5 20 | 7 21 |
| 21 | 21 | L | se Agnès. | 7 46 | 4 38 | 6 35 | 8 5 |
| 22 | 22 | M | s Vincent. | 7 45 | 4 59 | 7 46 | 8 59 |
| 23 | 23 | M | s Savinien. | 7 44 | 4 41 | 8 57 | 9 40 |
| 24 | 24 | J | s Alphonse. | 7 45 | 4 42 | 10 6 | 9 59 |
| 25 | 25 | V | Conv. s Paul. | 7 42 | 4 44 | 11 12 | 10 7 |
| 26 | 26 | S | s Polycarpe. | 7 41 | 4 45 | | 10 54 |
| 27 | 27 | D | s Jean-Chrys. | 7 59 | 4 47 | 0 15 | 11 2 |
| 28 | 28 | L | se Paule. | 7 38 | 4 49 | 1 16 | 11 32 |
| 29 | 29 | M | s Charlemagne | 7 57 | 4 50 | 2 15 | 0 5 |
| 50 | 30 | M | se Savine. | 7 36 | 4 52 | 3 15 | 0 42 |
| 51 | 51 | J | s Pierre Nol. | 7 54 | 4 54 | 4 6 | 1 23 |

Les jours croissent de 22 m. le matin, et de 42 m. le soir.
N. L. le 6, à 0 h. 59 m. du m. P. L. le 20, à 7 h. 45 m. du m.
P. Q. le 13, à 4 h. 13 m. du s. D. Q. le 27, à 2 h. 57 m. du s.

| JOURS. | | | FÊTES. | SOLEIL. | | | | LUNE. | | | |
|---|---|---|---|---|---|---|---|---|---|---|---|
| | | | | Lever | | Conc. | | Lever. | | Couch. | |
| | | | | h | m | h | m | h | m | h | m |
| 52 | 1 | V | s Iguace. | 7 | 55 | 4 | 55 | 4 | 56 | 2 | 10 |
| 55 | 2 | S | PURIFICATION | 7 | 31 | 4 | 57 | 5 | 41 | 3 | 5 |
| 54 | 5 | D | s Blaise. | 7 | 50 | 4 | 59 | 6 | 22 | 4 | 1 |
| 35 | 4 | L | se Jeanne de V | 7 | 29 | 5 | 0 | 6 | 59 | 5 | 5 |
| 56 | 5 | M | se Agathe. | 7 | 27 | 5 | 2 | 7 | 52 | 6 | 7 |
| 57 | 6 | M | se Haycinthe. | 7 | 26 | 5 | 4 | 8 | 2 | 7 | 13 |
| 58 | 7 | J | s Romuald. | 7 | 24 | 5 | 5 | 8 | 50 | 8 | 21 |
| 39 | 8 | V | s Jean de M. | 7 | 25 | 5 | 7 | 8 | 58 | 9 | 51 |
| 40 | 9 | S | se Apolline. | 7 | 24 | 5 | 8 | 9 | 27 | 10 | 42 |
| 41 | 10 | D | se Scolastique. | 7 | 20 | 5 | 10 | 9 | 58 | 11 | 55 |
| 42 | 11 | L | s. Saturnin. | 7 | 18 | 5 | 12 | 10 | 55 | | |
| 45 | 12 | M | s Séverin. | 7 | 16 | 5 | 13 | 11 | 12 | 1 | 4 |
| 44 | 15 | M | s Lézin. | 7 | 15 | 5 | 15 | 11 | 57 | 2 | 15 |
| 45 | 14 | J | s Valentin. | 7 | 15 | 5 | 17 | 0 | 50 | 3 | 18 |
| 46 | 15 | V | s Faustin. | 7 | 14 | 5 | 18 | 1 | 54 | 4 | 18 |
| 47 | 16 | S | s Onézime. | 7 | 9 | 5 | 20 | 2 | 58 | 5 | 11 |
| 48 | 17 | D | SEPTUAGÉSIME | 7 | 8 | 5 | 22 | 4 | 9 | 5 | 56 |
| 49 | 18 | L | s Simon. | 7 | 6 | 5 | 25 | 5 | 21 | 6 | 54 |
| 50 | 19 | M | s Léon. | 7 | 4 | 5 | 25 | 6 | 35 | 7 | 8 |
| 51 | 20 | M | s Eucher. | 7 | 2 | 5 | 27 | 7 | 44 | 7 | 58 |
| 52 | 21 | J | s Flavien. | 7 | 0 | 5 | 28 | 8 | 55 | 8 | 6 |
| 53 | 22 | V | Ch. s Pierre. | 6 | 58 | 5 | 30 | 9 | 59 | 8 | 54 |
| 54 | 25 | S | s Damien. | 6 | 57 | 5 | 51 | 11 | 2 | 9 | 2 |
| 55 | 24 | D | SEXAGÉSIME. | 6 | 55 | 5 | 35 | | | 9 | 52 |
| 56 | 25 | L | s Césaire. | 6 | 55 | 5 | 55 | 0 | 5 | 10 | 4 |
| 57 | 26 | M | s Léandre. | 6 | 51 | 5 | 56 | 1 | 1 | 10 | 59 |
| 58 | 27 | M | se Honorine. | 6 | 49 | 5 | 58 | 1 | 56 | 11 | 18 |
| 59 | 28 | J | s Romain. | 6 | 47 | 5 | 59 | 2 | 48 | 0 | 3 |

Les jours croissent de 46 m. le matin, et de 44 m. le soir.

N. L. le 4, à 6 h. 25 m du s. | P. L. le 18, à 7 h. 50 m. du s.
P. Q. le 12, à 4 h. 49 m. du m | D. Q. le 26 à 11 h. 42 m. d m

## Mars. — (*Le Bélier.*)

| JOURS. | | | FÊTES. | SOLEIL. | | LUNE. | |
|---|---|---|---|---|---|---|---|
| | | | | Lever | Couc. | Lever. | Couch. |
| | | | | h m | h m | h m | h m |
| 60 | 1 | V | Tr. s Savinien | 6 45 | 5 41 | 5 55 | 0 54 |
| 61 | 2 | S | se Gunégonde. | 6 43 | 5 45 | 4 17 | 1 50 |
| 62 | 3 | D | Quinquagés. | 6 41 | 5 44 | 4 55 | 2 50 |
| 65 | 4 | L | s. Casimir. | 6 59 | 5 46 | 5 50 | 5 55 |
| 64 | 5 | M | *Mardi-Gras.* | 6 57 | 5 47 | 6 2 | 4 59 |
| 65 | 6 | M | Les cendres. | 6 55 | 5 49 | 6 52 | 6 7 |
| 66 | 7 | J | s Thomas d'A. | 6 55 | 3 51 | 7 1 | 7 17 |
| 67 | 8 | V | s Jean D. | 6 54 | 5 52 | 7 51 | 8 29 |
| 68 | 9 | S | se Françoise. | 6 29 | 5 54 | 8 2 | 9 42 |
| 69 | 10 | D | Quadragés. | 6 27 | 5 55 | 8 55 | 10 54 |
| 70 | 11 | L | s Sophrone. | 6 25 | 5 57 | 9 12 | |
| 71 | 12 | M | s Modeste. | 6 25 | 5 58 | 9 55 | 0 4 |
| 72 | 13 | M | *Q.-Temps.* | 6 21 | 6 0 | 10 45 | 1 10 |
| 73 | 14 | J | se Mathilde. | 6 19 | 6 1 | 11 42 | 2 11 |
| 74 | 15 | V | s Zacharie. | 6 16 | 6 5 | 0 45 | 5 5 |
| 75 | 16 | S | se Emma. | 6 14 | 6 4 | 1 55 | 5 52 |
| 76 | 17 | D | Reminiscere. | 6 12 | 6 6 | 5 3 | 4 52 |
| 77 | 18 | L | s Gabriel. | 6 10 | 6 7 | 4 15 | 5 7 |
| 78 | 19 | M | s Joseph. | 6 8 | 6 9 | 5 22 | 5 58 |
| 79 | 20 | M | s Joachim. | 6 6 | 6 10 | 6 51 | 6 6 |
| 80 | 21 | J | s Benoît. | 6 4 | 6 12 | 7 59 | 6 33 |
| 81 | 22 | V | se Aline. | 6 2 | 6 15 | 8 45 | 7 1 |
| 82 | 23 | S | s Victorien. | 6 0 | 6 15 | 9 48 | 7 50 |
| 85 | 24 | D | Oculi. | 5 58 | 6 18 | 10 48 | 8 1 |
| 84 | 25 | L | s Marc. | 5 55 | 6 18 | 11 45 | 8 55 |
| 85 | 26 | M | s Ruper. | 5 55 | 6 19 | | 9 15 |
| 86 | 27 | M | se Victorine. | 5 54 | 6 21 | 0 59 | 9 56 |
| 87 | 28 | J | s Gontran. | 5 49 | 6 22 | 1 28 | 10 44 |
| 88 | 29 | V | s Eustase. | 5 47 | 6 24 | 2 42 | 11 57 |
| 89 | 50 | S | s Rieul. | 5 45 | 6 25 | 2 52 | 0 55 |
| 90 | 54 | D | Lætare. | 5 45 | 6 27 | 5 28 | 1 36 |

Les jours croissent de 62 m. le matin et de 46 m. le soir.
N. L. le 6, à 9 h. 47 m. du m. | P. L. le 20, à 9 h. 4 m. du m.
P. Q. le 15, à 8 h. 57 m. du m. | D. Q. le 28, à 7 h. 55 m. du m.

# Avril. — (*Le Taureau.*)

| JOURS. | | | FÊTES. | SOLEIL. | | LUNE. | |
|---|---|---|---|---|---|---|---|
| | | | | Lever | Couc | Lever. | Couch. |
| | | | | h  m | h  m | h  m | h  m |
| 91 | 1 | L | s Hugues. | 5 44 | 6 28 | 4 1 | 2 40 |
| 92 | 2 | M | s Fr. de Paul. | 5 59 | 6 50 | 4 54 | 5 47 |
| 93 | 3 | M | s Richard. | 5 57 | 6 54 | 5 0 | 4 57 |
| 94 | 4 | J | s Ambroise. | 5 54 | 6 55 | 5 29 | 6 10 |
| 95 | 5 | V | se Julienne. | 5 52 | 6 54 | 5 59 | 7 24 |
| 96 | 6 | S | s Prudent. | 5 50 | 6 56 | 6 52 | 8 58 |
| 97 | 7 | D | LA PASSION. | 5 28 | 6 57 | 7 9 | 9 52 |
| 98 | 8 | L | s Gauthier. | 5 26 | 6 59 | 7 52 | 11 5 |
| 99 | 9 | M | s Godebert. | 5 24 | 6 40 | 8 41 | |
| 100 | 10 | M | s Fulbert. | 5 22 | 6 42 | 9 37 | 0 7 |
| 101 | 11 | J | s Léon. | 5 20 | 6 43 | 10 59 | 1 2 |
| 102 | 12 | V | s Jules. | 5 18 | 6 45 | 11 45 | 1 50 |
| 103 | 13 | S | s Gustave. | 5 16 | 6 46 | 0 54 | 2 52 |
| 104 | 14 | D | RAMEAUX. | 5 14 | 6 48 | 2 4 | 5 8 |
| 105 | 15 | L | s Paterne. | 5 12 | 6 49 | 5 15 | 5 40 |
| 106 | 16 | M | s Fructueux. | 5 10 | 6 51 | 4 20 | 4 9 |
| 107 | 17 | M | s Anicet. | 5 8 | 6 52 | 5 26 | 4 56 |
| 108 | 18 | J | s Parfait. | 5 6 | 6 55 | 6 52 | 5 2 |
| 109 | 19 | V | s Bernard. | 5 4 | 6 55 | 7 56 | 5 50 |
| 110 | 20 | S | s Victor. | 5 2 | 6 56 | 8 38 | 6 0 |
| 111 | 21 | D | PAQUES. | 5 0 | 6 58 | 9 57 | 6 55 |
| 112 | 22 | L | se Opportune. | 4 59 | 6 59 | 10 52 | 7 9 |
| 113 | 23 | M | s Léger. | 4 57 | 7 4 | 11 25 | 7 49 |
| 114 | 24 | M | s Georges. | 4 55 | 7 2 | | 8 35 |
| 115 | 25 | J | s Marc. | 4 55 | 7 4 | 0 9 | 9 26 |
| 116 | 26 | V | s Clet. | 4 51 | 7 5 | 0 50 | 10 21 |
| 117 | 27 | S | se Anastase. | 4 49 | 7 7 | 1 27 | 11 20 |
| 118 | 28 | D | s Prudence. | 4 48 | 7 8 | 2 0 | 0 22 |
| 119 | 29 | L | QUASIMODO. | 4 46 | 7 10 | 2 50 | 1 28 |
| 120 | 30 | M | s Eutrope. | 4 44 | 7 11 | 2 59 | 2 56 |

Les jours croissent de 57 m. le matin et de 45 m. le soir.

N. L. le 4, à 10 h. 15 m. du s. P. L. le 18, à 11 h. 15 m. du s.
P. Q. le 11, à 3 h. 19 m. du s. D. Q. le 27, à 2 h. 10 m. du m.

## Mai. — (*Les Gémeaux.*)

| JOURS. | | | FÊTES. | SOLEIL. | | LUNE. | |
|---|---|---|---|---|---|---|---|
| | | | | Lever | Couc. | Lever. | Couch. |
| | | | | h  m | h  m | h  m | h  m |
| 121 | 1 | M | s Philippe. | 4 42 | 7 15 | 3 28 | 3 47 |
| 122 | 2 | J | s Athanase. | 4 41 | 7 14 | 3 57 | 5 0 |
| 123 | 3 | V | Inv. ste Croix. | 4 59 | 7 16 | 4 28 | 6 15 |
| 124 | 4 | S | se Monique. | 4 57 | 7 17 | 5 5 | 7 51 |
| 125 | 5 | D | s Augustin. | 4 56 | 7 18 | 5 44 | 8 45 |
| 126 | 6 | L | s Jean P L. | 4 54 | 7 20 | 6 52 | 9 55 |
| 127 | 7 | M | s Stanislas. | 4 55 | 7 21 | 7 27 | 10 57 |
| 128 | 8 | M | s Désiré. | 4 51 | 7 25 | 8 29 | 11 49 |
| 129 | 9 | J | s Grégoire. | 4 29 | 7 24 | 9 56 | |
| 130 | 10 | V | s Antonin. | 4 28 | 7 25 | 10 45 | 0 53 |
| 131 | 11 | S | s Gordien. | 4 26 | 7 27 | 11 55 | 1 11 |
| 132 | 12 | D | se Flavie. | 4 25 | 7 28 | 1 4 | 1 44 |
| 133 | 13 | L | s Servais. | 4 24 | 7 50 | 2 12 | 2 15 |
| 134 | 14 | M | s Boniface. | 4 22 | 7 51 | 3 18 | 2 40 |
| 135 | 15 | M | s Isidore. | 4 21 | 7 32 | 4 23 | 5 7 |
| 136 | 16 | J | s Pascal. | 4 20 | 7 54 | 5 26 | 5 34 |
| 137 | 17 | V | s Célestin. | 4 18 | 7 55 | 6 28 | 4 2 |
| 138 | 18 | S | s Bernard. | 4 17 | 7 56 | 7 28 | 4 55 |
| 139 | 19 | D | s Urbain. | 4 16 | 7 37 | 8 25 | 5 8 |
| 140 | 20 | L | s Bernardin. | 4 15 | 7 59 | 9 18 | 5 47 |
| 141 | 21 | M | ROGATIONS. | 4 15 | 7 40 | 10 6 | 6 50 |
| 142 | 22 | M | se Julie. | 4 12 | 7 41 | 10 49 | 7 19 |
| 143 | 23 | J | s Didier. | 4 11 | 7 42 | 11 27 | 8 12 |
| 144 | 24 | V | s Donatien. | 4 10 | 7 43 | | 9 9 |
| 145 | 25 | S | s Germain. | 4 9 | 7 44 | 0 1 | 10 9 |
| 146 | 26 | D | TRINITÉ. | 4 8 | 7 46 | 0 54 | 11 12 |
| 147 | 27 | L | s Maximien. | 4 7 | 7 47 | 0 59 | 0 18 |
| 148 | 28 | M | ste Emilie. | 4 6 | 7 48 | 1 27 | 1 26 |
| 149 | 29 | M | s Félix. | 4 6 | 7 49 | 1 55 | 2 35 |
| 150 | 30 | J | ASCENSION. | 4 5 | 7 50 | 2 25 | 5 47 |
| 151 | 31 | V | ste Pétronille. | 4 4 | 7 51 | 2 58 | 5 5 |

Les jours croissent de 38 m. le matin, et 38 m. le soir.
N. L. le 4, à 7 h. 50 m. du m. | P. L. le 18, à 2 h. 2 m. du s.
P. Q. le 10, à 10 h. 14 m. du s | D. Q. le 26, à 5 h. 31 m. du s.

### Juin. — (*L'Ecrevisse.*)

| JOURS. | | | FÊTES. | SOLEIL. | | | | LUNE. | | | |
|---|---|---|---|---|---|---|---|---|---|---|---|
| | | | | Lever | | Couc | | Lever | | Couch. | |
| | | | | h | m | h | m | h | m | h | m |
| 152 | 1 | S | s Pamphile. | 4 | 3 | 7 | 52 | 5 | 55 | 6 | 20 |
| 153 | 2 | D | s Pothin. | 4 | 5 | 7 | 55 | 4 | 18 | 7 | 54 |
| 154 | 3 | L | ste Clotilde. | 4 | 2 | 7 | 54 | 5 | 10 | 8 | 42 |
| 155 | 4 | M | s Optat. | 4 | 1 | 7 | 55 | 6 | 10 | 9 | 41 |
| 156 | 5 | M | s Boniface. | 4 | 1 | 7 | 56 | 7 | 16 | 10 | 30 |
| 157 | 6 | J | s Claude. | 4 | 0 | 7 | 57 | 8 | 27 | 11 | 11 |
| 158 | 7 | V | s Lié. | 4 | 0 | 7 | 57 | 9 | 41 | 11 | 47 |
| 159 | 8 | S | s Médard. | 3 | 59 | 7 | 58 | 10 | 54 | | |
| 160 | 9 | D | PENTECOTE | 5 | 59 | 7 | 59 | 0 | 4 | 0 | 18 |
| 161 | 10 | L | s Landry. | 3 | 59 | 8 | 0 | 1 | 10 | 0 | 45 |
| 162 | 11 | M | s Barnabé. | 5 | 58 | 8 | 0 | 2 | 14 | 1 | 11 |
| 163 | 12 | M | Q. Temps. | 5 | 58 | 8 | 1 | 5 | 18 | 1 | 58 |
| 164 | 13 | J | s Antoine de P | 5 | 58 | 8 | 2 | 4 | 21 | 2 | 6 |
| 165 | 14 | V | s Basile. | 5 | 58 | 8 | 2 | 3 | 22 | 2 | 36 |
| 166 | 15 | S | s César. | 5 | 58 | 8 | 3 | 6 | 20 | 5 | 9 |
| 167 | 16 | D | TRINITÉ. | 5 | 58 | 8 | 3 | 7 | 14 | 5 | 46 |
| 168 | 17 | L | s Paul. | 5 | 58 | 8 | 5 | 8 | 4 | 4 | 27 |
| 169 | 18 | M | ste Martine. | 5 | 58 | 8 | 4 | 8 | 49 | 5 | 14 |
| 170 | 19 | M | s Gervais, s P. | 5 | 58 | 8 | 4 | 9 | 29 | 6 | 6 |
| 171 | 20 | J | FÊTE-DIEU. | 3 | 58 | 8 | 4 | 10 | 4 | 7 | 4 |
| 172 | 21 | V | s. Louis de G. | 5 | 58 | 8 | 5 | 10 | 55 | 7 | 59 |
| 173 | 22 | S | s Paulin. | 3 | 58 | 8 | 5 | 11 | 4 | 9 | 0 |
| 174 | 23 | D | s Jacob. | 5 | 58 | 8 | 5 | 11 | 52 | 10 | 4 |
| 175 | 24 | L | s Jean-Baptiste | 3 | 59 | 8 | 5 | 11 | 59 | 11 | 10 |
| 176 | 25 | M | s Prosper. | 5 | 59 | 8 | 5 | | | 0 | 18 |
| 177 | 26 | M | s Ladislas. | 5 | 59 | 8 | 5 | 0 | 26 | 1 | 28 |
| 178 | 27 | J | s Crescent. | 4 | 0 | 8 | 5 | 0 | 56 | 2 | 46 |
| 179 | 28 | V | s Irénée. | 4 | 0 | 8 | 5 | 1 | 30 | 3 | 53 |
| 180 | 29 | S | s Pierre, s P. | 4 | 1 | 8 | 5 | 2 | 9 | 5 | 7 |
| 181 | 30 | D | Com. s Paul. | 4 | 1 | 8 | 5 | 2 | 55 | 6 | 18 |

Les jours croissent jusqu'au 26 de 4 m. le matin.

N. L. le 2, à 5 h. 24 m. du s. | P. L. le 17, à 5 h. 4 m. du m.
P. Q. le 9, à 6 h. 47 m. du m | D. Q. le 25, à 5 h. 57 m. du m

# Juillet. — (*Le Lion.*)

| JOURS. | | | FÊTES. | SOLEIL. | | LUNE. | |
|---|---|---|---|---|---|---|---|
| | | | | Lever | Conc | Lever. | Couch |
| | | | | h m | h m | h m | h m |
| 182 | 1 | L | s Martial. | 4 2 | 8 5 | 3 49 | 7 23 |
| 183 | 2 | M | Visit. N. D. | 4 3 | 8 4 | 4 52 (matin) | 8 19 (soir) |
| 184 | 3 | M | s Anatole. | 4 3 | 8 4 | 6 5 | 9 6 |
| 185 | 4 | J | Tr. de s Mar. | 4 4 | 8 4 | 7 18 | 9 45 |
| 186 | 5 | V | ste Zoé. | 4 5 | 8 3 | 8 33 | 10 19 |
| 187 | 6 | S | s Tranquille. | 4 5 | 8 5 | 9 47 | 10 49 |
| 188 | 7 | D | ste Aubierge. | 4 6 | 8 2 | 10 58 | 11 17 |
| 189 | 8 | L | ste Elisabeth. | 4 7 | 8 2 | 0 5 | 11 44 |
| 190 | 9 | M | ste Victoire. | 4 8 | 8 1 | 1 10 | |
| 191 | 10 | M | ste Félicité. | 4 9 | 8 1 | 2 13 | 0 11 |
| 192 | 11 | J | Tr. s. Benoît. | 4 10 | 8 0 | 5 14 | 0 40 |
| 193 | 12 | V | s Gualbert. | 4 11 | 7 59 | 4 13 | 1 12 |
| 194 | 13 | S | s Turiaf. | 4 11 | 7 59 | 5 9 (soir) | 1 47 |
| 195 | 14 | D | s Bouaventure | 4 12 | 7 58 | 6 0 | 2 27 |
| 196 | 15 | L | s Henri. | 4 14 | 7 57 | 6 47 | 5 11 |
| 197 | 16 | M | N. D. du M. C | 4 15 | 7 56 | 7 29 | 4 1 (matin) |
| 198 | 17 | M | s Alexis. | 4 16 | 7 55 | 8 7 | 4 56 |
| 199 | 18 | J | s Clair. | 4 17 | 7 54 | 8 44 | 5 51 |
| 200 | 19 | V | s Vincent de P | 4 18 | 7 55 | 9 11 | 6 55 |
| 201 | 20 | S | ste Marguerite | 4 19 | 7 52 | 9 58 | 7 58 |
| 202 | 21 | D | s Victor, mar. | 4 20 | 7 51 | 10 4 | 9 2 |
| 203 | 22 | L | ste Madeleine. | 4 21 | 7 50 | 10 30 | 10 7 |
| 204 | 23 | M | s Appollinaire | 4 22 | 7 49 | 10 57 | 11 14 |
| 205 | 24 | M | ste Christine. | 4 24 | 7 48 | 11 28 | 0 21 |
| 206 | 25 | J | s Jacques, m. | 4 25 | 7 47 | | 1 36 |
| 207 | 26 | V | ste Anne. | 4 26 | 7 46 | 0 4 (matin) | 2 48 (soir) |
| 208 | 27 | S | s Christophe. | 4 27 | 7 44 | 0 46 | 5 58 |
| 209 | 28 | D | s Pantaléon. | 4 29 | 7 43 | 1 55 | 5 4 |
| 210 | 29 | L | ste Marthe. | 4 50 | 7 42 | 2 53 | 6 3 |
| 211 | 50 | M | s Abdon. | 4 51 | 7 40 | 5 59 | 6 54 |
| 212 | 31 | M | s Germain. | 4 35 | 7 59 | 4 52 | 7 38 |

Les jours décroissent de 31 m. le m. et de 26 m. le soir.
N. L. le 1, à 9 h. 58 m. du s. | P. L. le 16, à 8 h. 5 m. du s.
P. Q. le 8, à 5 h. 41 m. du s. | D. Q. le 24, à 2 h. 42 m du s.
N. L. le 51, à 4 h. 53 m. du matin.

# Août. — (La Vierge.)

| JOURS | | | FÊTES | SOLEIL. | | | | LUNE. | | | |
|---|---|---|---|---|---|---|---|---|---|---|---|
| | | | | Lever | | Conc | | Lever. | | Couch. | |
| | | | | h | m | h | m | h | m | h | m |
| 215 | 1 | J | s Pierre-ès-L. | 4 | 54 | 7 | 57 | 6 | 8 | 8 | 16 |
| 214 | 2 | V | s Alphonse. | 4 | 35 | 7 | 56 | 7 | 23 | 8 | 49 |
| 215 | 3 | S | Inv. s Etienne | 4 | 57 | 7 | 54 | 8 | 36 | 9 | 18 |
| 216 | 4 | D | s Dominique. | 4 | 58 | 7 | 55 | 9 | 47 | 9 | 46 |
| 217 | 5 | L | s Yon, martyr | 4 | 59 | 7 | 51 | 10 | 55 | 10 | 14 |
| 218 | 6 | M | Tr. de N.-S. | 4 | 41 | 7 | 50 | 0 | 1 | 10 | 45 |
| 219 | 7 | M | s Albert. | 4 | 42 | 7 | 28 | 1 | 4 | 11 | 13 |
| 220 | 8 | J | s Justin. | 4 | 43 | 7 | 27 | 2 | 5 | 11 | 47 |
| 221 | 9 | V | s Spire. | 4 | 45 | 7 | 25 | 5 | 2 | | |
| 222 | 10 | S | s Laurent, m. | 4 | 46 | 7 | 25 | 5 | 55 | 0 | 25 |
| 225 | 11 | D | se Philomène. | 4 | 48 | 7 | 22 | 4 | 44 | 1 | 8 |
| 224 | 12 | L | se Claire. | 4 | 49 | 7 | 20 | 5 | 28 | 1 | 56 |
| 225 | 13 | M | s Hippolyte. | 4 | 50 | 7 | 18 | 6 | 7 | 2 | 49 |
| 226 | 14 | M | s Eusèbe. | 4 | 52 | 7 | 16 | 6 | 41 | 5 | 46 |
| 227 | 15 | J | ASSOMPT. | 4 | 55 | 7 | 15 | 7 | 12 | 4 | 46 |
| 228 | 16 | V | s Roch. | 4 | 54 | 7 | 15 | 7 | 41 | 5 | 49 |
| 229 | 17 | S | s Mammès. | 4 | 56 | 7 | 11 | 8 | 8 | 6 | 54 |
| 250 | 18 | D | ste Hélène. | 4 | 57 | 7 | 9 | 8 | 55 | 8 | 0 |
| 251 | 19 | L | s Louis, évéq. | 4 | 59 | 7 | 7 | 9 | 5 | 9 | 7 |
| 252 | 20 | M | s Bernard. | 5 | 0 | 7 | 5 | 9 | 55 | 10 | 15 |
| 255 | 21 | M | s Privat. | 5 | 2 | 2 | 4 | 10 | 6 | 11 | 24 |
| 254 | 22 | J | s Symphorien. | 5 | 5 | 7 | 2 | 10 | 44 | 0 | 34 |
| 255 | 23 | V | s Sidoine, év. | 5 | 4 | 7 | 0 | 11 | 28 | 1 | 45 |
| 256 | 24 | S | s Barthélemy. | 5 | 6 | 6 | 58 | | | 2 | 49 |
| 257 | 25 | D | s Louis, roi. | 5 | 7 | 6 | 56 | 0 | 20 | 5 | 50 |
| 258 | 26 | L | s Zéphirin. | 5 | 9 | 6 | 54 | 1 | 24 | 4 | 44 |
| 259 | 27 | M | s Césaire, év. | 5 | 10 | 6 | 52 | 2 | 29 | 5 | 51 |
| 240 | 28 | M | s Joseph | 5 | 41 | 6 | 50 | 5 | 42 | 6 | 41 |
| 241 | 29 | J | Déc. de s.J-B. | 5 | 15 | 6 | 48 | 4 | 57 | 6 | 45 |
| 242 | 30 | V | s Fiacre. | 5 | 14 | 6 | 46 | 6 | 41 | 7 | 16 |
| 245 | 31 | S | s Ovide. | 5 | 16 | 6 | 44 | 7 | 24 | 7 | 45 |

Les jours décroissent de 42 m. le m. et de 55 m. le soir.
N. L. le 29, à 1 h. 14 m. du s. P. L. le 15, à 10 h. 47 m. du s.
P. Q. le 7, à 7 h. 18 m. du m. D. Q. le 22, à 9 h. 34 m. du s.

## Septembre. — (La Balance.)

| JOURS. | | | FÊTES. | SOLEIL. | | LUNE. | |
|---|---|---|---|---|---|---|---|
| | | | | Lever | Couc | Lever. | Couch. |
| | | | | h m | h m | h m | h m |
| 244 | 1 | D | s Sixte, Sinice | 5 17 | 6 42 | 8 35 | 8 15 |
| 245 | 2 | L | s Lazare. | 5 19 | 6 40 | 9 44 | 8 42 |
| 246 | 3 | M | s Grégoire. | 5 20 | 6 38 | 10 50 | 9 15 |
| 247 | 4 | M | ste Rosalie. | 5 21 | 6 36 | 11 53 | 9 46 |
| 248 | 5 | J | s Bertin, abbé. | 5 23 | 6 34 | 0 52 | 10 25 |
| 249 | 6 | V | s Onésime. | 5 24 | 6 32 | 1 47 | 11 5 |
| 250 | 7 | S | s Cloud. | 5 26 | 6 30 | 2 57 | 11 54 |
| 251 | 8 | D | Nat. de N.-D | 5 27 | 6 27 | 3 22 | |
| 252 | 9 | L | s Omer. | 5 29 | 6 25 | 4 5 | 0 41 |
| 253 | 10 | M | ste Pulchérie. | 5 30 | 6 23 | 4 40 | 1 36 |
| 254 | 11 | M | s Patient. | 5 31 | 6 21 | 5 13 | 2 35 |
| 255 | 12 | J | s Raphaël. | 5 33 | 6 19 | 5 43 | 3 57 |
| 256 | 13 | V | s Maurille. | 5 34 | 6 17 | 6 11 | 4 41 |
| 257 | 14 | S | Ex. de ste Croix | 5 36 | 6 15 | 6 59 | 5 47 |
| 258 | 15 | D | s Lubin. | 5 37 | 6 13 | 7 7 | 6 55 |
| 259 | 16 | L | s Cyprien. | 5 38 | 6 11 | 7 56 | 8 5 |
| 260 | 17 | M | s Lambert. | 5 40 | 6 8 | 8 8 | 9 16 |
| 261 | 18 | M | Q.-Temps. | 5 41 | 6 6 | 8 44 | 10 26 |
| 262 | 19 | J | s Janvier. | 5 43 | 6 4 | 9 26 | 11 55 |
| 263 | 20 | V | s Eustache. | 5 44 | 6 2 | 10 15 | 0 41 |
| 264 | 21 | S | s Mathieu. | 5 46 | 6 0 | 11 12 | 1 42 |
| 265 | 22 | D | s Maurice. | 5 47 | 5 58 | | 2 57 |
| 266 | 23 | L | s Thècle. | 5 48 | 5 56 | 0 16 | 3 25 |
| 267 | 24 | M | s Andoche. | 5 50 | 5 55 | 1 25 | 4 6 |
| 268 | 25 | M | s Cléophas. | 5 51 | 5 51 | 2 57 | 4 42 |
| 269 | 26 | J | ste Justine. | 5 53 | 5 49 | 3 50 | 5 14 |
| 270 | 27 | V | s Côme. | 5 54 | 5 47 | 5 3 | 5 45 |
| 271 | 28 | S | s Céran. | 5 56 | 5 45 | 6 15 | 6 11 |
| 272 | 29 | D | s Michel, arch | 5 57 | 5 43 | 7 24 | 6 40 |
| 273 | 30 | L | s Jérôme. | 5 59 | 5 41 | 8 31 | 7 11 |

Les jours décroissent de 42 m. le m. et 61 m. le soir

N. L. le 27, à 11 h. 51 m. du s. | P. L. le 14, à 0 h. 45 m. du m
P. Q. le 5, à 11 h. 41 m. du s. | D. Q. le 21, à 5 h. 18 m. du m

# Octobre. — (*Le Scorpion.*)

| JOURS. | | | FÊTES. | SOLEIL. | | LUNE. | |
|---|---|---|---|---|---|---|---|
| | | | | Lever | Couc | Lever. | ouch. |
| | | | | h  m | h  m | h  m | h  m |
| 274 | 1 | M | s Remi. | 6  0 | 5  59 | 9  56 matin | 7  44 |
| 275 | 2 | M | ss Anges gard. | 6  2 | 5  57 | 10  58 | 8  20 soir |
| 276 | 3 | J | s Gilbert. | 6  3 | 5  34 | 11  36 | 8  59 |
| 277 | 4 | V | s Franç. d'As. | 6  4 | 5  52 | 0  29 | 9  45 |
| 278 | 5 | S | se Aure vierge | 6  6 | 5  50 | 1  17 | 10  32 |
| 279 | 6 | D | s Bruno. | 6  7 | 5  28 | 2  0 | 11  26 |
| 280 | 7 | L | s Serge. | 6  9 | 5  26 | 2  38 | |
| 281 | 8 | M | ste Brigitte. | 6  10 | 5  24 | 5  12 | 0  23 |
| 282 | 9 | M | s Denis, évêq. | 6  12 | 5  22 | 5  45 | 1  23 |
| 285 | 10 | J | s Géréon. | 6  13 | 5  20 | 4  12 | 2  26 |
| 284 | 11 | V | s Firmin, év. | 6  15 | 5  18 | 4  39 soir | 5  52 |
| 285 | 12 | S | s Wilfrid, év. | 6  16 | 5  16 | 5  7 | 4  40 |
| 286 | 15 | D | s Lupien. | 6  18 | 5  14 | 5  36 | 5  50 |
| 287 | 14 | L | s Edouard. | 6  20 | 5  12 | 6  8 | 7  1 matin |
| 288 | 15 | M | se Thérèse. | 6  21 | 5  10 | 6  44 | 8  15 |
| 289 | 16 | M | s Gal. | 6  25 | 5  8 | 7  25 | 9  25 |
| 290 | 17 | J | s Avoie. | 6  24 | 5  6 | 8  12 | 10  55 |
| 291 | 18 | V | s Luc, év. | 6  26 | 5  4 | 9  6 | 11  39 |
| 292 | 19 | S | s Pierre d'A. | 6  27 | 5  2 | 10  7 | 0  36 |
| 295 | 20 | D | s Adéral. | 6  29 | 5  0 | 11  14 | 1  25 |
| 294 | 21 | L | se Ursule. | 6  30 | 4  58 | | 2  7 |
| 295 | 22 | M | s Vallier. | 6  32 | 4  57 | 0  25 | 2  45 |
| 296 | 25 | M | se Eléonore. | 6  53 | 4  55 | 1  57 | 5  15 |
| 297 | 24 | J | s Magloire. | 6  55 | 4  53 | 2  48 | 5  45 |
| 298 | 25 | V | s Crépin, s Cr. | 6  57 | 4  51 | 3  58 | 4  15 |
| 299 | 26 | S | ste Célinie. | 6  58 | 4  49 | 5  7 | 4  41 |
| 500 | 27 | D | se Anastasie. | 6  40 | 4  47 | 6  15 | 5  10 |
| 501 | 28 | L | ss Simon, Jude | 6  41 | 4  46 | 7  21 matin | 5  41 soir |
| 302 | 29 | M | s Narcisse. | 6  45 | 4  44 | 8  24 | 6  45 |
| 505 | 50 | M | s Lucain. | 6  45 | 4  42 | 9  24 | 6  55 |
| 504 | 31 | J | s Quentin. | 6  46 | 4  41 | 10  20 | 7  56 |

Les jours décroissent de 46 m. le m. et 58 m. le soir.

N. L. le 27, à 1 h. 12 m. du s. | P. L. le 13, à 1 h. 55 m. du s.
P Q. le 5, à 6 h. 27 m. du s. | D. Q. le 20, à 9 h. 26 m. du m.

## Novembre. — (*Le Sagittaire.*)

| JOURS. | | | FÊTES. | SOLEIL. | | | | LUNE. | | | |
|---|---|---|---|---|---|---|---|---|---|---|---|
| | | | | Lever | | Couc. | | Lever. | | Couch. | |
| | | | | h | m | h | m | h | m | h | m |
| 305 | 1 | V | TOUSSAINT. | 6 | 48 | 4 | 39 | 11 | 11 matin | 8 | 23 soir |
| 306 | 2 | S | Les Morts. | 6 | 49 | 4 | 57 | 11 | 56 | 9 | 14 |
| 307 | 3 | D | s Marcel. | 6 | 51 | 4 | 36 | 0 | 36 | 10 | 9 |
| 308 | 4 | L | s Charles. | 6 | 55 | 4 | 54 | 1 | 11 | 11 | 7 |
| 309 | 5 | M | s᪂ Bertile. | 6 | 54 | 4 | 33 | 1 | 42 | | |
| 310 | 6 | M | s Léonard. | 6 | 56 | 4 | 31 | 2 | 11 | 0 | 8 |
| 311 | 7 | J | s Ernest. | 6 | 57 | 4 | 29 | 2 | 59 | 1 | 12 |
| 312 | 8 | V | s Dieudonné. | 6 | 59 | 4 | 28 | 3 | 7 | 2 | 19 |
| 313 | 9 | S | s Théodore. | 7 | 1 | 4 | 27 | 5 | 35 | 3 | 29 |
| 314 | 10 | D | s᪂ Nymphe. | 7 | 3 | 4 | 25 | 4 | 5 soir | 4 | 40 |
| 315 | 11 | L | s Martin, év. | 7 | 4 | 4 | 24 | 4 | 59 | 5 | 52 |
| 316 | 12 | M | s᪂ Estelle. | 7 | 5 | 4 | 22 | 5 | 18 | 7 | 5 |
| 317 | 13 | M | s Maury. | 7 | 7 | 4 | 21 | 6 | 3 | 8 | 18 |
| 318 | 14 | J | s Achille. | 7 | 9 | 4 | 20 | 6 | 56 | 9 | 28 matin |
| 319 | 15 | V | s Eugène. | 7 | 10 | 4 | 19 | 7 | 57 | 10 | 51 |
| 320 | 16 | S | s Edme. | 7 | 12 | 4 | 17 | 9 | 4 | 11 | 24 |
| 321 | 17 | D | s Agnan. | 7 | 15 | 4 | 16 | 10 | 14 | 0 | 9 |
| 322 | 18 | L | s᪂ Aude. | 7 | 15 | 4 | 15 | 11 | 26 | 0 | 47 |
| 323 | 19 | M | s᪂ Elisabeth. | 7 | 17 | 4 | 14 | | | 1 | 20 |
| 324 | 20 | M | s Edmond. | 7 | 18 | 4 | 13 | 0 | 58 | 1 | 50 |
| 325 | 21 | J | Prés. de la V. | 7 | 19 | 4 | 12 | 1 | 49 | 2 | 18 |
| 326 | 22 | V | ste Cécile. | 7 | 21 | 4 | 11 | 2 | 58 | 2 | 45 |
| 327 | 23 | S | s Clément. | 7 | 22 | 4 | 10 | 4 | 5 | 3 | 15 |
| 328 | 24 | D | ste Flore. | 7 | 24 | 4 | 9 | 5 | 40 | 3 | 42 |
| 329 | 25 | L | s᪂ Catherine. | 7 | 25 | 4 | 8 | 6 | 15 matin | 4 | 14 soir |
| 330 | 26 | M | s Basle. | 7 | 27 | 4 | 8 | 7 | 14 | 4 | 49 |
| 331 | 27 | M | s Maxime, év. | 7 | 28 | 4 | 7 | 8 | 12 | 5 | 29 |
| 332 | 28 | J | s Sosthène. | 7 | 30 | 4 | 6 | 9 | 5 | 6 | 14 |
| 333 | 29 | V | s Saturnin. | 7 | 51 | 4 | 5 | 9 | 55 | 7 | 4 |
| 334 | 30 | S | s André, ap. | 7 | 52 | 4 | 5 | 10 | 35 | 7 | 58 |

Les jours décroissent de 44 m. le m. et de 54 m. le soir.

N. L. le 26, à 5 h. 20 m. du m. | P. L. le 12, à 1 h 19 m. du m.
P. Q. le 4, à 2 h. 37 m. du soir. | D. Q. le 18, à 5 h. 15 m. du s.

## Décembre. — (*Le Capricorne.*)

| JOURS. | | | FÊTES. | SOLEIL. | | LUNE. | |
|---|---|---|---|---|---|---|---|
| | | | | Lever | Conc | Lever. | Couch. |
| | | | | h  m | h  m | h  m | h  m |
| 355 | 1 | D | AVENT, s Eloi. | 7 34 | 4 4 | 11 12 | 8 55 |
| 356 | 2 | L | se Bibiane. | 7 55 | 4 4 | 11 45 | 9 55 |
| 357 | 3 | M | s Fr.-Xavier. | 7 36 | 4 3 | 0 15 | 10 57 |
| 538 | 4 | M | ste Barbe. | 7 37 | 4 5 | 0 45 | |
| 339 | 5 | J | s Sabas. | 7 39 | 4 2 | 1 9 | 0 1 |
| 540 | 6 | V | s Nicolas. | 7 40 | 4 2 | 1 35 | 1 7 |
| 341 | 7 | S | s Ambroise. | 7 41 | 4 2 | 2 5 | 2 15 |
| 542 | 8 | D | IMMAC. CONC. | 7 42 | 4 2 | 2 53 | 3 25 |
| 543 | 9 | L | ste Léocade. | 7 45 | 4 1 | 3 8 | 4 37 |
| 544 | 10 | M | ste Valère. | 7 44 | 4 1 | 5 50 | 5 54 |
| 545 | 11 | M | s Fuscien. | 7 45 | 4 1 | 4 40 | 7 4 |
| 546 | 12 | J | s Damas. | 7 46 | 4 1 | 5 39 | 8 15 |
| 347 | 13 | V | ste Luce. | 7 47 | 4 1 | 6 46 | 9 14 |
| 348 | 14 | S | Nicaise, rém. | 7 48 | 4 1 | 7 58 | 10 5 |
| 549 | 15 | D | s Faustin. | 7 49 | 4 2 | 9 12 | 10 47 |
| 550 | 16 | L | se Adélaïde. | 7 50 | 4 2 | 10 26 | 11 23 |
| 351 | 17 | M | se Olympe. | 7 50 | 4 2 | 11 58 | 11 55 |
| 552 | 18 | M | Q.-Temps. | 7 51 | 4 2 | | 0 25 |
| 353 | 19 | J | s Timoléon. | 7 52 | 4 3 | 0 48 | 0 50 |
| 554 | 20 | V | s Philogon. | 7 52 | 4 3 | 1 56 | 1 47 |
| 355 | 21 | S | s Thomas, ap. | 7 53 | 4 5 | 5 2 | 1 45 |
| 556 | 22 | D | s Honorat. | 7 53 | 4 4 | 4 6 | 2 15 |
| 357 | 23 | L | se Victoire. | 7 54 | 4 4 | 5 8 | 2 49 |
| 558 | 24 | M | se Delphine. | 7 54 | 4 5 | 6 6 | 5 27 |
| 359 | 25 | M | NOEL. | 7 55 | 4 6 | 7 0 | 4 11 |
| 360 | 26 | J | s Etienne, m. | 7 55 | 4 6 | 7 50 | 4 59 |
| 361 | 27 | V | s Jean, évang. | 7 55 | 4 7 | 8 34 | 5 51 |
| 562 | 28 | S | ss Innocents. | 7 56 | 4 8 | 9 15 | 6 47 |
| 365 | 29 | D | s Trophime. | 7 56 | 4 9 | 9 47 | 7 46 |
| 564 | 50 | L | s Sabin. | 7 56 | 4 10 | 10 17 | 8 47 |
| 365 | 51 | M | s Sylvestre. | 7 56 | 4 10 | 10 45 | 9 49 |

Les jours décroissent de 22 m. le m. et de 6 m. le soir.

N. L. le 25, à 11 h. 48 m. du s. | P. L. le 11 à 0 h 19 m. du s.

P. Q. le 4, à 10 h 30 m. du m. | D. Q. le 18 à 3 h 44 m. du m.

# INTRODUCTION.

Ce n'est pas d'aujourd'hui que l'homme des champs se plaint du peu de produit d'un travail toujours laborieux ; mais ce n'est pas d'aujourd'hui non plus que datent les observations auxquelles je me suis livré pour chercher à découvrir les remèdes à une plaie véritable dont le Souverain n'a pas dédaigné de s'occuper. Je dirai même que j'ai senti renaître mon courage dans mes observations, en voyant une tête illustre à tant de titres mettre au nombre de ses préoccupations les plus constantes, l'amélioration de cette portion de la population dont le talent consiste à semer pour nous faire vivre.

J'ai donc cru, n'étant animé que par le seul désir d'être utile dans la mesure de mes faibles forces, devoir donner dans quelques pages, la situation de la production de l'homme des champs et indiquer les moyens d'amélioration dont elle me paraît susceptible.

Ceci bien compris, j'entre en matière sans préambule, heureux si je puis un peu contribuer à la solution d'un problème qui intéresse si vivement la nation.

Au début de ce que j'appellerai mes expériences, j'ai observé :

1° Le mouvement des abeilles, en général ;

2° Leur produit au rucher ;
3° Le pollen et la miellée sur les fleurs des champs.

J'ai pu remarquer que bien que les fleurs fussent en grande quantité, il y avait pourtant de temps à autre :

Jours de miellée,
Jours de grande miellée,
Jours où il y avait peu ou point de miellée.

J'ai donc pu constater qu'il y avait des temps d'arrêt, et pour moi, dans cette situation, tout était et devait être mystère, et conséquemment un aiguillon à mon instinct d'observateur.

Pendant l'année 1836, j'observai en effet plusieurs temps d'arrêt : les plantes languirent, les feuilles des arbres se crispèrent, se contournèrent et se tachèrent. Selon les différentes positions de situation, les plantes se trouvèrent plus ou moins attaquées.

De 1836 à 1841, les mêmes effets se reproduisent à différentes époques de l'année ; cependant, la miellée précède toujours immédiatement le temps d'arrêt.

De 1842 à 1850, grandes expériences et observations sur les phénomènes atmosphériques, et les effets produits sur la végétation. Parmi les plantes observées, je citerai les légumineuses, les plantes ligneuses, les foins artificiels et les céréales. Toujours mêmes remarques sur les fleurs et la miellée.

En 1846, une maladie se déclare sur la pomme de terre.

En 1849, une autre maladie vient arrêter et détruire le fruit de la vigne.

La maladie se déclare toujours au moment du temps d'arrêt.

C'est pourquoi, d'après les effets produits, je reconnais que les perturbations atmosphériques sont en partie la cause de la maladie des végétaux.

Le 7 Août 1850 , je fais la découverte de la marche qui m'a servi de base à la composition mathématique du mouvement planétaire.

De 1850 à 1855, grandes expériences sur la marche planétaire, le mouvement des sèves et la maladie des végétaux.

En Novembre 1855, j'ai la preuve que le mouvement des sèves est dans un rapport d'infaillibilité avec la marche planétaire.

De 1855 à 1867, grandes expériences et observations météorologiques sur les phénomènes atmosphériques et les effets produits sur la végétation.

En continuant d'observer, pendant les années de sécheresse, d'humidité, etc., de comparer les productions respectives des années, j'ai conclu que :

*La terre nourrit,*
*Le soleil fait croître,*
*Et la lune détruit.*

La marche planétaire, j'appelle ainsi le mouvement de la terre ou plutôt les combinaisons mathématiques des mouvements de la terre , de la lune et du soleil , le cours de leurs révolutions en 24 heures, leurs mouvements aux passages diurnes et nocturnes, et l'influence solaire et lunaire, déterminent la marche ascendante et descendante des sèves, et nous donnent ainsi les six principaux mouvements :

1° Reprise du cours de la sève ;

2° Sève lente ;
3° Sève montante ;
4° Pleine sève ;
5° Perte de sève ;
6° Passage mort;

La sève, étant le principe de la végétation, j'en ai étudié avec le plus grand soin les moments de reprise, les temps d'arrêt, l'action sur les végétaux, les mouvements barométriques et les changements de température. J'ai trouvé là les causes des principales maladies des plantes.

J'ai pu remarquer que les récoltes étaient souvent perdues ou du moins compromises, parce qu'elles n'étaient pas assez fortes ou en état de maturité pour supporter le passage mort, c'est-à-dire le moment d'interruption de la sève. Ce phénomène atmosphérique, pendant lequel l'air est vif et le soleil brûlant, paralyse complètement les végétaux : les feuilles se tachent, et ces taches engendrent certaines espèces de champignons ; souvent, sous la feuille, il y a d'abord perte, puis corruption de la sève, ce qui donne naissance à un insecte toujours nuisible.

Aux jours de passage mort, il y a perturbation atmosphérique, l'existence de la plante dépend de l'air qui en est l'aliment ; et, en observant les phénomènes et les effets produits sur les plantes, on est à même de juger que l'air est vicié.

L'observateur doit donc :

*Méditer, observer et noter.*

Le registre planétaire indique, d'une manière certaine, quel jour l'ascension de la sève doit commencer, à quelle époque elle doit s'arrêter, en précisant la durée des passages morts ou des temps d'arrêt.

Ces indications permettent, chaque année, aux cultivateurs de fixer les époques des semailles, la coupe des foins naturels et artificiels, afin que la deuxième coupe soit dans de bonnes conditions ; aux jardiniers et aux horticulteurs, elles indiquent le moment des plantations et des transplantations ; aux apiculteurs, l'époque où ils doivent tirer les essaims, faire les transvasements ou réunir les ruches ; aux sériciculteurs, les passages les plus favorables à l'alimentation.

Ce petit ouvrage est disposé sous forme de registre, afin que chacun puisse noter ses observations et reconnaître les effets produits, ainsi que les avantages de l'année.

[illegible]

# NOTIONS ÉLÉMENTAIRES

———

1. — La terre est composée de plusieurs substances, et dans son sein croissent, à une plus ou moins grande profondeur, les racines des végétaux. Les diverses portions, suivant lesquelles ces substances sont mélangées, donnent plus ou moins de fertilité.

2. — On appelle *humus* en général, cette matière noire, grasse et terreuse qui provient de la décomposition des végétaux et des animaux.

3. — L'eau, sous différentes formes, influe de diverses manières sur la terre et sur les végétaux : à l'état de fluide élastique et invisible comme elle existe dans l'air, elle alimente les végétaux pendant les sécheresses; à l'état de vapeurs plus ou moins denses, l'eau peut produire des effets plus ou moins salutaires encore, qui se portent à la fois sur le végétal, sur les racines et sur le sol ; à l'état liquide, l'eau est bien plus efficace, suivant les circonstances qui la rendent plus ou moins nécessaire.

4. — On peut conserver, pendant un temps assez long, un grand nombre de semences, pourvu que la terre soit tenue sèche ; elles y restent bien saines, et le germe reste intact. Si au contraire ces mêmes semences sont mises dans l'eau, elles se gonflent et leur germe se développe.

5. — L'air atmosphérique est absorbé par les plantes ; il est tellement nécessaire à leur développement, que leur germe reste immobile, s'il est privé de ce gaz ; les plantes, celles-mêmes qui montrent la plus grande vigueur dans leur développement, périssent par une privation absolue d'air ; si la quantité n'en est pas suffisante, elles s'épuisent à lutter contre cet obstacle qui arrête la végétation.

6. — Il ne suffit pas de donner aux plantes la terre la mieux appropriée à leur nature, il faut aussi que l'atmosphère où s'élèvent leurs tiges, soit suffisamment chaude et humide, qu'elle soit accessible à la lumière, et qu'elle contienne plusieurs substances gazeuses qui soient ou des stimulants ou des éléments propres à la végétation.

7. — Pour que les plantes croissent, il faut que le thermomètre accuse un certain degré de calorique.

8. — Une chaleur humide de 2 ou 3 degrés suffit à la végétation de certaines plantes ; mais le plus grand nombre a besoin d'une température de 20 à 30 degrés.

9. — La lumière colore les fruits et les rend plus savoureux ; c'est elle qui fortifie les plantes et leur donne le complément de l'énergie vitale, car les végétaux privés de lumière sont toujours faibles, effilés, stériles et étiolés.

10. — Les grains germent sans lumière, cependant leur produit serait sans effet, si la pousse en était longtemps privée.

11. — Dans la végétation, il n'y a que la germination qui s'effectue dans l'obscurité, le reste n'y obtient aucun succès.

12. — Lorsque la température baisse, les plantes s'affaiblissent, s'engourdissent et éprouvent une suspension momentanée du mouvement de la sève.

13. — **Plantes.** — Les plantes sont composées de quatre parties principales : 1° la racine ; 2° la feuille ; 3° la tige ; 4° la fleur.

La racine est cette partie de la plante qui est plongée dans le sol, et qui se termine par de petits fils qu'on appelle le chevelu. La feuille est l'opposé de la racine, elle consiste en lames aiguës, garnies en dessus et en dessous de petites bouches imperceptibles à l'œil, par lesquelles la plante respire comme nous respirons nous-mêmes. La tige, qui est la partie de la plante commençant à la racine, et se terminant à la feuille, porte en certaines saisons la fleur qui donne naissance au fruit.

14. — Les plantes vivent autant de l'air qui les entoure et qui leur fournit des gaz pour aliments, que par les matières qu'elles puisent dans le sol et que les membranes laissent passer au travers d'elles par une espèce de suintement. Quelques-unes mêmes se nourrissent au moyen des feuilles ; telles sont les plantes qui croissent dans les lieux arides et sur les vieux murs. Elles absorbent des gaz qui proviennent de la décomposition des matières animales et végétales.

15. — **Sève.** — La sève est un liquide incolore, aqueux, que les racines absorbent dans le sol arable, ainsi que les feuilles dans l'atmosphère, pour le faire servir à la nutrition du végétal. C'est ce liquide qui contient en dissolution les véritables principes nutritifs des végétaux et les dispose dans leur intérieur, à mesure qu'il traverse leurs tissus.

16. — Au printemps, la sève est un liquide essentiellement aqueux, et d'une densité peu supérieure à celle de l'eau.

A une époque plus avancée elle prend d'autres qualités, et sa consistance augmente, par les différents principes qui s'y forment, au fur et à mesure que la végétation progresse, elle varie même suivant les différentes parties du végétal où on l'observe, et elle devient plus dense et plus rapide à mesure qu'elle s'élève dans la tige.

C'est par l'influence de l'air surtout que la sève acquiert ses propriétés nutritives; aussi, dans le vide ou dans un espace privé d'oxigène, les végétaux ne tardent pas à mourir.

17. — **Air.** — L'air au milieu duquel nous vivons est un mélange de deux gaz : l'oxigène et l'azote, qui s'y trouvent dans des proportions qu'on remarque les mêmes sur tous les points du globe, c'est-à-dire d'un cinquième de son volume d'oxigène et de quatre cinquièmes d'azote. L'oxigène est le gaz vital par excellence ; il est très-répandu dans la nature, puisqu'il est un des éléments de l'air, de l'eau et de toutes les matières végétales ou animales. L'azote qui entre dans la composition de beaucoup de matières a pour effet, dans l'air, d'amoindrir l'action trop énergique de l'oxigène.

Les feuilles absorbent le gaz oxygène qui passe à l'état d'acide carbonique. Pendant le jour, l'acide carbonique est décomposé, le carbone est fixé par les plantes et converti en leur substance, l'oxigène est exhalé ; pendant la nuit, l'acide carbonique est exhalé sans décomposition.

18. — L'oxigène est nommé corps comburant ou soutien de la combustion, parceque quand il se combine avec les autres corps, il y a toujours dégagement de chaleur.

19. — L'air est nécesaire à la vie des animaux et des végétaux. Dans les animaux, l'oxigène de l'air qui est absorbé par la respiration, change la couleur du sang en la faisant passer d'un rouge foncé à un rouge vermeil. Dans les végétaux, l'acide carbonique que l'air renferme se décompose, le carbone s'assimile à la plante et l'oxigène active la vie du végétal.

20. — Pendant le jour, l'air purifié du gaz acide carbonique qui est délétère est donc très-favorable à la respiration des animaux ; il est aussi nécessaire à la plante, par son oxygène, et surtout en lui abandonnant le carbonne nécessaire à la formation de la tige.

21. — L'azote qui se trouve en si grande quantité dans l'air, n'entretient pas la vie, mais il n'est pas délétère. Il donne la mort seulement parce qu'il prive le sang des veines du contact de l'oxygène dans les poumons. C'est pourquoi, par des temps humides, quand la proportion de l'oxygène diminue, l'influence de l'azote relâche le système nerveux des animaux.

22. — L'oxygène, sous l'action de l'électricité, se modifie et prend le nom d'ozone ; mais alors, il agit comme l'oxygène à l'état naissant.

23. — Les deux gaz qui constituent l'eau, l'oxygène et l'hydrogène, peuvent être réparés et recombinés par une étincelle électrique.

24. — **Maladies des Plantes**. — Les plantes sont, comme nous, exposées à diverses maladies ; on a peu de moyens de pouvoir les en délivrer. Il est vrai de dire aussi que jusqu'alors on ne s'en est occupé ni assez méthodiquement, ni assez sérieusement.

25. — Lorsque les maladies arrivent soit en Avril, soit en Mai, on attribue généralement le cas à la gelée. Si elles arrivent en Juin, Juillet et Août, la cause en est les pluies trop abondantes, ou le manque de chaleur, ou la grande sécheresse, ou l'excès de chaleur.

26. — Certains auteurs émettent l'opinion que la maladie de la vigne et la rouille des blés sont produites par une

plante parasite dont les graines et les poussières, emportées par le vent, se fixent sur les feuilles des plantes et engendrent les maladies.

27. — A. Poiteau, professeur d'horticulture à Paris, nous fait connaître, dans ses mémoires de 1830 à 1832, qu'il attribue à l'intempérie des saisons la formation de la rouille sur les blés. Évidemment il a raison.

28. — Les principales maladies des plantes résultent des perturbations atmosphériques, des passages subits du chaud au froid, ou du froid au chaud, etc.

29. — Cependant les cas sont plus ou moins graves, suivant la condition de végétation et l'exposition de la plante. Si la feuille est attaquée, la plante est malade ; d'autres fois, c'est par la racine que la maladie vient ; mais les neuf dixièmes des cas viennent par la feuille.

30. — Pendant les moments de passage mort, si la plante est peu en sève, la feuille jaunit ; si la plante est fort en sève, la feuille se tache et se couvre de tuméfactions ; alors le *blanc* et la *rouille* apparaissent, ainsi que d'autres maladies. On remarque que l'atmosphère est viciée : le froid paralyse la plante et le soleil brûlant grille et fait mourir.

# CONSEILS

## Aux Agriculteurs & aux Vignerons

1. — Au printemps, pendant les jours de sève montante, il faut semer et transplanter aussitôt que le temps le permet.

2. — Il faut donner à la terre l'humus nécessaire : le trop et le trop peu nuisent. Souvent les récoltes sont compromises.

3. — Les jours de sève montante sont les moments de semer, planter et transplanter. Si la terre est meuble, le cultivateur doit presser son travail, semer avoines et orges. Aux jours de pleine sève, germination assurée.

4. — La pleine sève est le passage favorable à la germination et à la végétation. Les jours de perte de sève et de temps d'arrêt surtout, qui ont lieu aux passages morts, empêchent la végétation.

5. — Il faut éviter d'ensemencer aux jours d'humidité ; cependant, si la terre est légère, on peut plus tôt disposer. Savoir prendre la terre en temps opportun fait plus que tout engrais. Si, au contraire, le moment des semailles n'est pas en rapport avec la terre, bien qu'elle soit riche, souvent la récolte est manquée.

6. — Au printemps, pendant les jours de perte de sève, l'atmosphère change : l'air est froid et le soleil est brûlant ; les plantes se trouvent incommodées, et de l'exposition dépend la vie du végétal.

7. — Lorsque la végétation est un peu avancée aux jours de perte de sève, en Avril ou en Mai, les plantes souffrent beaucoup. Il faut alors avancer ou retarder les semailles.

8. — Au printemps, pendant les jours de passage mort, les nuits sont froides et le soleil est brûlant ; il faut, chaque fois que la chose est possible, abriter les plantes nuit et jour.

9. — Aux jours de passage mort, dans le printemps, il y a interruption du cours de la sève, ce qui est la cause de la maladie des végétaux. Les cas sont plus ou moins graves, suivant que les plantes sont plus ou moins développées. L'atmosphère viciée engendre des maladies : on voit les feuilles se couvrir de taches, de plaies purulentes ; alors apparaissent le blanc et la rouille.

10. — Lorsque la sève reprend son cours, il se produit un grand mouvement dans les végétaux. Sur les jeunes pousses et les feuilles malades, on remarque de la sève putréfiée. L'insecte qui a pris naissance préfère la sève purulente pour s'alimenter.

11. — Aux jours de sève lente, l'atmosphère est purifiée, l'air un peu vif ; la plante sensible s'en trouve un peu indisposée. S'il arrive que les nuits sont claires, l'horticulteur doit abriter ses plants, pour empêcher le rayonnement nocturne ; car il se produit un peu de glace sur la jeune pousse, et le soleil faisant évaporer cette glace, emprunte le calorique de la plante et la grille.

12. — Aux jours de pleine sève, on peut semer, planter, transplanter et sarcler. La végétation marche à souhait.

13. — Pendant la sève montante ou la pleine sève, les foins coupés ont de la qualité, et la seconde coupe reprend aussitôt, sans temps d'arrêt.

Les plantes, en terre pauvre, donnent plus ou moins tôt leur temps d'arrêt, quand bien même la sève serait de longue durée. Le cultivateur doit donc observer le moment du retrait de la plante, et la couper sans plus tarder, sinon elle perd en quantité et en qualité.

14. — Une habitude généralement répandue, consiste à faucher les foins à une époque fixe de l'année ; chaque cultivateur commence ses travaux parce que l'époque est arrivée. Avant tout, il faut considérer le développement de la plante. S'il arrive que le printemps a été retardé, que la végétation n'a pas été vigoureuse en Mai, l'époque de couper les foins arrive, et ceux-ci ne sont qu'à moitié ou aux deux tiers de leur développement. Alors on fauche, et l'on dit : la récolte est manquée.

15. — Dans les foins artificiels, lorsque le printemps a été précoce, l'entier développement de la plante a lieu en fin de Mai, celle-ci prend son retrait naturel, et ne croît plus quand même la grande sève existerait.

16. — Le moment de passage mort peut arriver en fin de Mai ; alors il y a retrait forcé ; la plante durcit et perd sa qualité. Aux jours de reprise de sève, si l'on tarde à couper, une jeune pousse se montre au pied de la plante, et fait des progrès, et quand vient le moment de faucher, on coupe alors le foin à maturité et le foin de seconde coupe.

17. — Aux jours de passage mort, la plante prend un retrait

forcé. Si elle est plus d'à moitié développée, elle peut ne plus pousser ; si au contraire, elle n'est qu'au quart ou au tiers développée, il n'y a qu'une suspension momentanée.

18. — Les jours de perte de sève et de passage mort, il est à remarquer que la terre est stérile. C'est le moment le plus mauvais pour planter, transplanter et sarcler. La veille de la reprise du cours de la sève, on peut plutôt disposer.

19. — Les seigles, blés, orges et avoines, au moment de leur maturité, éprouvent ou un retrait naturel, ou un retrait forcé. Le retrait naturel a lieu quand la plante mûrit dans le cours de la sève ; alors elle se trouve alimentée, mûrit très-lentement et prend très-peu de retrait ; la tige et la grain sont d'une excellente qualité.

20. — Si au contraire, à ce moment de la maturité, il arrive un temps d'arrêt, il y a retrait forcé : la plante, n'étant plus alimentée, perd en proportion de sa condition de maturité, ce qui donne un grain maigre et une paille grise de peu de qualité.

21. — L'orge et l'avoine perdent beaucoup au retrait forcé : la plante se couche, se dessèche, et si on tarde à couper, on est exposé à perdre le produit de l'année.

22. — En Juillet et en Août, pendant les jours de reprise du cours de la sève, l'atmosphère est chargée de brouillard ou de pluie. Les feuilles reverdissent, mais celles qui sont malades jaunissent et noircissent. Il est facile alors de juger de la gravité de la maladie. La paille des céréales en maturité se noircit et perd sa qualité.

23. — En Juillet et en Août, la tige de pomme de terre, au moment du passage mort, prend beaucoup de retrait : la

feuille jaunit et se tache. Aussitôt que la feuille est grillée, le tubercule commence à tacher, et doit être arraché. Dans ces moments, le brouillard ou la pluie empoisonne la plante : la tige sert de conducteur à l'eau ; et autant de tubercules sont humectés par cette eau, autant sont pourris ou tachés. En terrains bas et humides, les pommes de terre sont bien exposées ; les terrains en pente et bien aérés doivent être préférés.

24. — L'agriculteur et l'horticulteur doivent observer le mouvement des sèves et les effets produits chaque année. Par là, ils reconnaîtront qu'ils doivent suivrent les époques de sève qui leur servent de base pour ensemencer et récolter. Le temps dont on se plaint, n'est pas toujours la cause de l'insuccès ; la mauvaise manière de procéder fait souvent manquer la récolte.

# CONSEILS AUX AGRICULTEURS

——

1. — Aussitôt la sortie des abeilles et le développement des groupes, les populations doivent être examinées : aux faibles la chaleur est nécessaire et les ruches doivent être diminuées.

2. — Les ruches faibles doivent être approvisionnées pour ne pas leur donner au temps contraire qui doit arriver.

3. — Lorsque le temps n'est pas favorable, il ne faut pas alimenter : par là, on excite les abeilles à sortir. Si le besoin l'exige, il faut l'enfermer.

4. — Il faut alimenter selon le besoin quotidien, tant pour nourriture que pour quête de pollen ; un excédant de nourriture donné aux ruches faibles conduit à la prospérité.

5. — Aux jours de grandes miellée, l'apiculteur doit être actif. Il doit faire les essains le plus promptement possible, et par les moyens les plus expéditifs, permuter, désorganiser, xtraire les fausses ou vieilles reines, ainsi que les faux-bourdons. En agissant ainsi, il obtiendra du succès.

6. — Sans disposition de reine, on peut permuter, si la ruchée est en grande activité ; la reine est remplacée par des œufs ou couvain. D'une forte population, le second essaim est assuré ; aux jours de grande miellée, la ruche s'engraisse à souhait, et vingt-deux jours après, il n'y a plus de couvain, on peut transvaser.

7. — Les jours de pleine sève sont des moments favorables à la miellée, et le retrait des plantes donne la grande miellée. S'il arrive qu'aux jours de pleine sève les foins soient coupés, l'apiculteur est bien exposé, il perd la fleur aux jours favorables à la grande miellée, et c'est souvent de la première saison des fleurs que dépend le reste de l'année.

8. — Depuis trente-quatre ans que j'observe les mouvements des abeilles, j'ai toujours constaté une grande mortalité aux jours de passage mort.

9. — Quand ce passage arrive au printemps, il y a air vif ou soleil brûlant.

L'abeille, dans ses excursions, est exposée aux courants d'air froid ; soit en sortant de la ruche ou en y arrivant, elle tombe et s'engourdit. Si un rayon de soleil ne vient la délivrer, elle est perdue à jamais.

Lorsque le soleil est brûlant, quoique l'air soit vif ou quoiqu'il fasse du vent, l'abeille cherche les endroits abrités, pour se garantir du froid qui la saisit ; alors elle est exposée aux rayons trop ardents du soleil qui la tuent.

10. — Aux jours de grande sève, l'atmosphère est surchargée de gaz aromotiques et d'un brouillard fluide et mielleux, substance sucrée qui se répand sur les végétaux pour servir à leur nutrition.

11. — Les grandes chaleurs qui arrivent souvent au temps de la miellée indisposent les abeilles ; elle se reposent au dehors au

lieu de travailler. Aux jours de grande miellée, on peut aérer à volonté ; le fond de ruche grillé doit être préféré.

12. — Aussitôt que la ruche fait la barbe, souvent quelques apiculteurs s'empressent d'exhausser la ruche, c'est à tort. Celle-ci a généralement trop de capacité et du couvain en quantité; car, quand le mauvais temps arrive, il n'y a plus de miellée ; l'abeille prend au magasin ce qu'il lui faut pour ses besoins quotidiens, et, de jour en jour, on voit la population augmenter et le poids de la ruche diminuer.

*(Forte population étroitement logée, donne du poids assuré.)*

13. — Les jours de passage mort et de reprise de sève sont les moments les plus mauvais. Il faut supporter l'air vicié : l'abeille en est empoisonnée, et on voit souvent les ruches fort dépeuplées.

14. — Quand le passage mort arrive dans le cours des mois d'été, il existe peu ou point de miellée ; l'essaim faible a besoin d'être alimenté. A défaut de provisions, il y a pillage réciproque ; c'est là aussi une des causes de la destruction des bourdons.

15. — Le pillage a lieu quelquefois par la fraternité. Parmi des essaims de même âge et de mêmes populations, on remarque souvent que les uns prospèrent, tandis que les autres restent toujours au même état, et même périssent dans le cours de l'été. Généralement, on attribue à la reine la cause de cette situation, il faut se détromper. Si le soir, à la fin de la rentrée des abeilles à la ruche, on en voit quelques-unes sortir et ne pas rentrer, le pillage a lieu. Il faut alors que l'essaim soit éloigné.

16. — On se perd en conjectures au sujet de la miellée qui, au même moment, existe dans une localité et non dans l'autre. Lorsqu'aux jours favorables à la miellée, un sol pré-

sente des plantes entièrement développées et en état de maturité, il existe grande miellée. Tandis que , dans un autre
sol, les plantes n'étant peut-être qu'au quart, au tiers ou à
moitié développées, il existe bien miellée, mais miellée liquide
ce qui produit peu à la ruche ; un temps non-favorable peut
survenir , et les abeilles , parcourant ce second sol, ne profi-
tent pas de la grande miellée que les plantes auraient pu
donner. Il en résulte donc que, suivant les situations des plantes dans diverses localités, il y a plus ou moins forte miellée,
et par conséquent variation dans les produits.

17. — L'apiculteur ne doit pas trop augmenter le nombre
des ruches ; il faut au contraire, en certaines années, le ré-
duire d'un quart, d'un tiers, et même de moitié, suivant les
produits. Lorsqu'on veut réunir des essaims , le faible au fort
doit-être préféré ; alors, pour éviter aucuns troubles, on donne
une bonne provision de miel. Par là, on peut obtenir du succès

18. — En apiculture, comme dans tout autre métier, l'am-
bition perd l'homme. L'amour-propre étant engagé , on fait
de grands sacrifices, et au bout de l'année, après inventaire
fait, on trouve sinon un *déficit*, du moins *zéro* en *avoir*.

# CONSEILS AUX SÉRICICULTEURS

## PREMIÈRE ÉDUCATION.

1. — Au printemps, en jours de sève montante, les feuilles de l'ailante venant à se développer, c'est le moment de combiner, d'après le temps d'arrêt, l'époque où le ver doit-être alimenté.

2. — On doit provoquer l'éclosion artificielle, de manière que le développement du ver arrive aux jours de grande sève ; alors, la feuille, tendre et vermeille, est un mets succulent, que les mandibules encore faibles du ver peuvent entamer.

3. — Le local affecté aux vers à soie doit être tenu très-propre et parfaitement aéré, pour qu'il n'y reste aucune mauvaise odeur. On doit cesser d'alimenter aux jours de mauvais temps. Pendant les jours de perte de sève, le ver est languissant, et les jours de suspension sont le moment le plus funeste.

4. — Il ne faut pas non plus alimenter aux jours de reprise du cours de la sève. Quoique les feuilles reverdissent, l'aliment est mauvais ; car, à la suite de grandes chaleurs, l'atmosphère est surchargée de gaz délétères, et la feuille ne respire qu'un fluide empoisonné.

## DEUXIÈME ÉDUCATION.

5. Aux jours de sève lente , il faut examiner les feuilles avant de les distribuer aux jeunes vers. En observant ceux-ci lorsqu'ils sont sur les plantes. on voit qu'ils préfèrent les feuilles vertes et tendres.

6. — Aux jours de perte de sève, il ne faut plus alimenter ; quoique la feuille soit encore verte, elle perd de sa qualité. Le sériciculteur doit donc combiner ses travaux, de manière qu'aux jours de suspension, le cocon soit filé.

7. — L'ailante, dans son jeune âge, souffre beaucoup des perturbations atmosphériques : la gelée ou le trop de chaleur lui sont nuisibles. Dans les temps d'arrêt, la feuille jaunit et se tache plus ou moins ; quelquefois même, la végétation arrête. Pendant les premières années, la plante est languissante dans le cours des mois d'été ; ensuite elle croît rapidement.

8. — La durée des sèves peut varier de 30 à 90 jours. Or, le ver doit être alimenté pendant 30 jours ; par conséquent, quelle que soit l'année, le sériciculteur peut combiner les phases de développement, pour qu'au temps d'arrêt le ver commence à filer.

On suivant la marche des sèves, on est certain du succès.

| MARCHE PLANÉTAIRE | | | | MOUVEMENT DES SÈVES | |
| --- | --- | --- | --- | --- | --- |
| HEURE | | | | POUR L'ANNÉE 1865. | |
| SOLAIRE | LUNAIRE | DU JOUR | | | |
| 2 h. matin | 12 h. midi | 12 h. minuit | 22 | Mars | Prédisposition au mouvement de sève. |
| 6 h. matin | 12 h. midi | 6 h. soir | 29 | Mars | Sève violente. |
| 9 h. matin | 12 h. midi | 12 h. midi | 5 | Avril | Sève montante. |
| 11 h. matin | 12 h. midi | 12 h. minuit | 12 | Avril | Pleine sève. |
| 4 h. soir | 12 h. minuit | 12 h. midi | 21 | Avril | Prédisposition à la perte de sève. |
| 7 h. soir | 8 h. soir | 12 h. midi | 27 | Avril | Perte. |
| 10 h. soir | 8 h. soir | 4 h. soir | 3 | Mai | Passage mort. |
| 12 h. minuit | 4 h. matin | 0 h. matin | 14 | Mai | Mouvement de la grande sève. |
| 4 h. matin | 8 h. soir | 12 h. minuit | 24 | Mai | Sève lente. |
| 7 h. matin | 8 h. matin | 12 h. minuit | 3 | Juin | Sève montante. |
| 11 h. matin | 8 h. matin | 6 h. matin | 17 | Juin | Pleine sève. |
| 4 h. soir | 9 h. matin | 12 h. midi | 8 | Juillet | Pleine sève. |
| 8 h. soir | 8 h. soir | 12 h. minuit | 25 | Juillet | Perte de sève. |
| 9 h. soir | 4 h. soir | 12 h. minuit | 30 | Juillet | Prédisposition au passage mort. |
| 10 h. soir | 12 h. midi | 12 h. minuit | 6 | Août | Passage mort. |
| 12 h. minuit | 8 h. matin | 12 h. minuit | 11 | Août | Reprise du cours de la sève. |
| 3 h. matin | 12 h. minuit | 12 h. minuit | 23 | Août | Sève lente. |
| 8 h. matin | 12 h. minuit | 12 h. minuit | 12 | Septembre | Sève montante. |
| 11 h. matin | 9 h. matin | 12 h. minuit | 21 | Septembre | Pleine sève. |
| 4 h. soir | 8 h. soir | 12 h. midi | 7 | Octobre | Prédisposition à la perte de sève. |
| 6 h. soir | 4 h. soir | 12 h. midi | 13 | Octobre | Perte de sève. |
| 8 h. soir | 4 h. soir | 12 h. minuit | 19 | Octobre | Passage mort. |

# Tableau      comparatif

Des époques du passage mort      depuis 1834 jusqu'à 1867.

| Années | MARS. | AVRIL. | MAI. | JUIN. | JUILLET. | AOUT. | SEPTEMBRE | OCTOBRE. |
|---|---|---|---|---|---|---|---|---|
| 1834 | 20 | 27 |  | 15 |  | 12 |  |  |
| 1835 | 2 | 15 |  | 1 | 15 |  | 10 |  |
| 1836 | 25 |  | 18 | 22 |  | 18 |  | 8 |
| 1837 |  | 10 |  | 15 |  | 5 | 20 |  |
| 1838 |  |  | 1 |  | 15 |  | 6 |  |
| 1839 | 5 |  | 14 |  |  | 10 |  | 2 |
| 1840 | 23 |  | 31 |  |  |  | 2 |  |
| 1841 | 1 | 15 |  | 20 |  |  | 18 |  |
| 1842 | 29 |  | 12 |  | 14 |  | 18 | 10 |
| 1843 | 17 | 28 |  | 15 |  | 8 |  | 25 |
| 1844 | 1 | 15 |  | 1 | 15 |  | 5 |  |
| 1845 | 15 |  | 15 |  |  | 20 |  | 6 |
| 1846 |  | 10 |  | 16 |  | 12 | 20 |  |
| 1847 |  | 20 |  |  | 18 |  | 8 | 25 |
| 1848 | 1 |  | 6 |  | 4 |  |  | 5 |
| 1849 | 20 |  | 20 |  |  | 25 |  | 25 |
| 1850 | 1 | 10 |  | 16 |  |  | 15 | 25 |
| 1851 | 25 |  | 10 |  | 10 |  |  | 1 |
| 1852 | 15 |  | 2 | 15 | 12 | 3 |  | 15 |
| 1853 |  | 15 |  | 1 | 4 |  | 5 |  |
| 1854 | 15 |  | 13 |  |  | 18 | 5 | 5 |
| 1855 |  | 1 |  | 8 | 1 | 5 | 21 |  |
| 1856 |  | 18 |  |  |  | 26 | 5 |  |
| 1857 |  | 25 |  |  | 26 |  |  | 1 |
| 1858 | 17 |  | 10 |  |  | 17 |  | 25 |
| 1859 |  | 15 |  | 15 |  |  | 2 |  |
| 1860 | 25 |  | 6 |  | 5 |  | 13 | 7 |
| 1861 | 19 | 25 |  | 7 |  | 1 |  |  |
| 1862 |  | 10 | 24 |  | 14 | 29 |  | 1 |
| 1863 | 7 |  | 6 | 28 |  |  |  |  |
| 1864 | 21 |  | 27 |  |  | 15 | 15 |  |
| 1865 |  | 5 |  | 25 |  | 25 | 1 | 20 |
| 1866 |  | 20 |  |  | 19 |  | 27 |  |
| 1867 | 17 |  | 9 |  |  | 6 |  | 23 |

NOTA. — Le quantième du mois figurant au tableau est le moment des temps d'arrêt : la reprise du cours de la sève a lieu cinq jours après.

# BULLETIN AGRICOLE POUR 1867

## AGRICULTURE

### 22 MARS.

Heure planétaire qui donne à la sève le mouvement.

### 22 MARS.

Le mouvement de sève peut être plus ou moins apparent : cela dépend de l'exposition.

### 22 MARS.

Aussitôt que la terre est meuble, il faut semer, planter et transplanter.

### DU 22 MARS AU 12 AVRIL.

Il faut semer les avoines et les orges; car la pleine sève est favorable à la germination et à la végétation.

## 22 MARS.

Que les pommes de terre soient plantées pour pouvoir récolter
en fin de juillet.

## 22 MARS.

Les jours de sève montante sont favorables pour le jardinage :
les employer soit à semer, à planter, à transplanter ou à
greffer , etc.

## 14 MAI.

Mouvement de la grande sève (77 jours de durée) ; mouvement
ascensionnel du soleil qui donne la plus grande végétation de
l'année : on peut semer, planter et transplanter, etc.

## 28 MAI.

Que les haricots soient plantés pour arriver à maturité en
fin de juillet.

## 10 JUIN.

Que les foins artificiels soient coupés : la plante poussera
sans temps d'arrêt et on pourra obtenir une seconde coupe
en fin de juillet.

## 17 JUIN.

Moment de la plus grande sève ; passage favorable à la fleur
des blés : la végétation marche à souhait.

## 27 JUIN.

Que les foins naturels soient coupés.

## 25 JUILLET.

On doit faucher les foins artificiels, pour avoir quantité et qualité.

## DU 25 JUILLET AU 14 AOUT.

Temps des moissons. Pour les plantés non à maturité, il y aura retrait forcé : la plante perdra alors de sa qualité.

## 14 AOUT.

La plus forte partie des récoltes doit être rentrée ou assurée. Aux jours de reprise du cours de la sève, il arrive des pluies ou des brouillards qui noircissent les plantes et leur ôtent de la qualité.

## DU 10 SEPTEMBRE AU 10 OCTOBRE.

La troisième coupe des foins peut varier, vu la durée de la séve : c'est le moment du retrait de la plante qui doit guider pour faucher.

## DU 12 AU 21 SEPTEMBRE.

Aux jours de sèvé montante, les seigles doivent être semés ; car, aux jours de pleine sève, la germination est assurée.

## DU 1er AU 12 OCTOBRE.

Que les blés soient semés.

# APICULTURE

---

## DU 1er AU 10 JUIN.

Que les essaims soient faits : l'apiculteur doit observer les fleurs, et aussi à quelle époque on doit couper. Dans chaque localité, il doit se baser sur l'époque où l'on coupe les foins artificiels ; s'il est possible, il faut profiter de la fleur et de la miellée, en faisant l'essaim au moins dix ou quinze jours avant l'époque de couper.

## DU 25 JUIN AU 5 JUILLET.

Que les transvasements soient faits pour que l'abeille profite de la seconde fleur et des jours favorables à la miellée en fin de juillet.

Les réunions de fin d'année peuvent être plus ou moins retardées, à cause de la prolongation de la seconde sève. Dans certaines contrées où il y a encore des fleurs, l'abeille pourra butiner. L'apiculteur doit donc observer et réunir plus ou moins tôt, suivant la localité.

# SÉRICICULTURE

En suivant la marche des sèves, le sériciculteur doit prendre pour bases les époques qui donnent les temps d'arrêt.

## Première Éducation du Ver de l'Ailante.

Temps d'arrêt au 25 juillet ; ainsi le moment d'alimenter serait vers le 20 juin.

## Deuxième Éducation du Ver de l'Ailante.

Temps d'arrêt le 7 Octobre, ce qui oblige à commencer dans les premiers jours de Septembre ; mais on peut disposer plus tôt, car, au 23 Août, jour de sève lente, on peut alimenter.

Ainsi, pour l'année, en suivant la marche des sèves, on est sûr du succès.

## Mouvement planétaire

| ATMOSPHÈRE. | PHASES. | JOURS. | HEURES planétaires | MOUVEMENTS DES SÈVES. |
|---|---|---|---|---|
| | | | | |

## Effets produits sur la Végétation

| ÉPOQUES. | OBSERVATIONS. |
|---|---|
| | |

## Mouvement planétaire

## Effets produits sur la Végétation

| ATMOSPHÈRE. | PHASES. | JOURS. | HEURES planétaires | MOUVEMENTS DES SÈVES. | ÉPOQUES. | OBSERVATIONS. |
|---|---|---|---|---|---|---|
| | | | | | | |

| Mouvement planétaire | | | | | Effets produits sur la Végétation | |
| --- | --- | --- | --- | --- | --- | --- |
| ATMOSPHÈRE. | PHASES. | JOURS. | HEURES planétaires | MOUVEMENTS des sèves. | ÉPOQUES. | OBSERVATIONS. |

## Mouvement planétaire

| ATMOSPHÈRE. | PHASES. | JOURS. | HEURES planétaires | MOUVEMENTS DES SÈVES. |
|---|---|---|---|---|
|  |  |  |  |  |

## Effets produits sur la Végétation

| ÉPOQUES. | OBSERVATIONS. |
|---|---|
|  |  |

www.ingramcontent.com/pod-product-compliance
Lightning Source LLC
Chambersburg PA
CBHW061327060726
47596CB00003B/1118